Jannick Alexander Nußbaum

Marktanalyse für den Haselnussanbau in Deutschland

Jannick Alexander Nußbaum

Marktanalyse für den Haselnussanbau in Deutschland

Entwicklung und Gegenwart des Anbaus von Haselnüssen, sowie deren wirtschaftlicher und sozialer Einfluss

Lehrbuchverlag

Imprint

Cover image: www.ingimage.com

Publisher:
Der Lehrbuchverlag
is a trademark of
International Book Market Service Ltd., member of OmniScriptum Publishing Group
17 Meldrum Street, Beau Bassin 71504, Mauritius

Printed at: see last page
ISBN: 978-620-2-49077-1

Inhaltsverzeichnis

1 Einleitung

„Man muss die Nuss knacken, will man den Kern essen." heißt ein italienisches Sprichwort und ist symbolisch für den Haselnussanbau in Deutschland. Denn auch der Anbau ist eine harte Nuss und benötigt viel Kraft und Geschick, um ihn zu dekryptieren. Dass es diese Bemühungen gibt, zeigt auch der „Ferrero Hazelnut Award Contest", welcher 2015 ausgeschrieben wurde. Dieser Award ist *„eine Auszeichnung zur Unterstützung und Verbesserung von Forschung und Innovation in Bezug auf alle Aspekte des Haselnusssektors. Die drei besten Projektideen erhielten Preisgelder von insgesamt 160.000 Euro. Bewertet wurden Innovation, Nachhaltigkeit und Umsetzbarkeit eines Projekts innerhalb eines bestimmten Zeitrahmens*" (FERRERO, 2018).

Dies illustriert das Interesse großer Verarbeiter, den Anbau effizient und lukrativ zu machen. Es gibt ebenfalls Bemühungen seitens der Politik, der Süßwarenindustrie und der Gartenbauforschung den Haselnussanbau in Deutschland voran zu bringen. Beispielsweise wurde das Thüringer Landesamt für Landwirtschaft und ländlichen Raum seitens des Ministeriums mit diesem Vorhaben beauftragt (MÖHLER, 2018; STORCH, 2018).

Doch Haselnuss ist nicht gleich Baumhasel. Es gibt zahlreiche Unterschiede in Nuss- und Wuchsform, welche den Anbau komplex machen. Dazu kommt, dass es diverse Sorten mit unterschiedlichsten Anforderungen gibt, welche in den bisherigen Anbaugebieten eingesetzt werden. Oft sind einzelne Sorten nur in kleinen Provinzen relevant, andere in großen Gebieten verbreitet. Um dies genauer zu verdeutlichen, beschäftigt sich diese Arbeit mit der Botanik, den Anbaugebieten und dem Anbau an sich, sowie der Marktentwicklung und deren Auswirkungen auf den deutschen Markt und Anbau von Haselnüssen.

2 Botanik und bedeutende Corylus – Arten

Die Gattung *Corylus* enthält eine große Vielfalt an Laubstrauch- und Baumarten mit essbaren Nüssen, welche ein wichtiger Bestandteil vieler gemäßigter Wälder in der nördlichen Hemisphäre sind. Sein bekanntestes und am besten erforschtes Mitglied, die europäische Haselnuss (*Corylus avellana L.*), ist auch eine wirtschaftlich wertvolle Nuss und rangiert weltweit hinter Cashews, Mandeln, Walnüssen und Maronen (FAO, 2010). Die kommerzielle Produktion ist bisher auf Regionen mit maritimem Klima beschränkt, wie bei den Abhängen am Schwarzen Meer in der Nordtürkei oder dem Willamette Valley in Oregon, wo 99 Prozent der US-Ernte produziert werden (KOLE, 2011, S. 15).

Die Haselnuss hat eine lange Geschichte der Verwendung und Produktion durch den Menschen, welches noch vor das der Römerzeit geht (ROSENGARTEN, 2004; BOCCACCI & BOTTA, 2009). Trotz dieser langen Geschichte ist die Haselnusszucht im Vergleich zu vielen anderen Kulturpflanzen noch am Anfang ihrer Entwicklung. Öffentliche Züchtungsprogramme wurden in den 1960er Jahren in den USA und Italien, in den 1970er Jahren in Spanien und Frankreich und in den 1980er Jahren in der Türkei durchgeführt (THOMPSON ET AL. 1996). Außerhalb der USA dominieren traditionelle und lokale Sorten, welche zurzeit in den Produktionsanlagen stehen (BOZOGLU, 2005; FIDEGHELLI & SALVADOR, 2008; TOUS, 2005; SARRAQUIGNE, 2004).

Während sich die bisherige Züchtung meist auf *Corylus avellana* konzentrierte, besteht auch innerhalb der Gattung ein großes Hybridisierungspotential. Die genetische Diversität des Gens ist hoch, weshalb Wildarten für genetische Verbesserungen und Forschungsanstrengungen eingesetzt werden könnten (SMITH & MEHLENBACHER, 1994; Erdogan & MEHLENBACHER, 2000 & 2001). In den letzten Jahren wurden nur wenige Erhebungen von wilden Haselnüssen durchgeführt, obwohl einige Arten eine ungebremste genetische Erosion erleiden. Die Art *C. chinensis Franch*. wird sogar von der Internationalen Union zum Schutz der Natur und der natürlichen Ressourcen als gefährdet angesehen. (IUCN, 2010)

Die Gattung *Corylus* ist in der nördlichen Hemisphäre weit verbreitet, wobei Arten in Japan, Korea und China, Tibet, Indien, dem Norden des Iran, der Türkei, dem Kaukasus, Europa und in Nordamerika vorkommen. Es gibt keine Arten in der südlichen Hemisphäre, welche dort Ihren Ursprung haben (KASAPLIGIL, 1972; THOMPSON, LAGERSTEDT & MEHLENBACHER, 1996). Die meisten Forscher sind sich einig, dass die Chromosomenzahl in der Gattung 2n=2x=22 beträgt (THOMPSON ET AL., 1996) und man nimmt an, dass Corylus avellana ein relativ kleines Genom hat (0,48 pg / 1C-Kern, 413 Mbp) (BENNETT & SMITH, 1991). Weltweit sind bislang rund 276 Variationen der Gattung *Corylus* dokumentiert. Diese lassen sich, je nach Autor, auf 10 - 25 Arten eingrenzen (WCSP, 2018). Diese Schwankungen sind dadurch zu erklären, dass die einzelnen Arten teilweise nicht durch molekulare Tests auseinandergehalten werden können.

Der Habitus aller Arten reicht von kleinen, mehrstämmigen Büschen (einem Meter hoch) bis zu großen Bäumen (40 Meter hoch). Alle Mitglieder sind laubabwerfend und besitzen einfache, wechselständige Blätter. Sie haben monözische, vom Wind bestäubende Blüten, die sich ausbilden, bevor sich die Blätter im Frühling entwickeln. Die Arten sind sind selbstinkompatibel und diploid (Kole, 2011, S. 16). Weitere Gemeinsamkeiten sind, dass (Düll & Kutzelnigg, 2011)

- pro Zweig es meist einen weiblichen und zwei bis vier männliche Blütenstände gibt
- die weiblichen Blütenstände nur etwa fünf Millimeter lang sind und daher einer Laubknospe ähneln. Die Knospenschuppen schieben kurz nach dem Aufblühen der männlichen Blüten purpurroten Narben
- die männlichen Blütenstände typische, bis zehn Zentimeter lange, gelbliche Kätzchen bilden. Die Einzelblüten besitzen keine Blütenhülle, aber je zwei eiförmige Vorblätter und ein eiförmiges, flaumiges Tragblatt, die allesamt miteinander verwachsen sind und dem Kätzchen die gelbliche Färbung verleihen. Die je vier Staubblätter sind gespalten und wirken dadurch in ihrer Anzahl verdoppelt
- die Anlage der Blüten bereits im Herbst stattfindet. Sie überwintern im geschlossenen Zustand, um zeitig im Frühjahr aufblühen zu können. Dies geschieht einige Wochen vor dem Laubaustrieb.

Die Gewöhnliche Hasel ist ein wichtiger Pollenlieferant für Insekten, z.B. für *Hymenoptera*, kann allerdings auch zusammen mit Birken, Weiden, Pappeln und Erlen ein Ärgernis für Allergiker sein (DÜLL & KUTZELNIGG, 2011).

2.1 Corylus avellana L.

Corylus avellana L., oder auch Zellernuss genannt, ist mehrstämmige Strauch mit einem Flachwurzelsystem, einer Höhe von drei bis zehn Metern und einem Wuchs, welcher sehr aufrecht bis hängend sein kann (KOLE, 2011). Zellernüsse können auf molekularer Ebene oft nicht von *Corylus maxima Mill.* (Lambertsnuss) unterschieden werden. Die morphologischen Merkmale gehen zudem lückenlos ineinander über. Beide Arten sind frei miteinander kreuzbar (BASSIL, BOCCACCI, BOTTA, POSTMAN & MEHLENBACHER, 2013).

C. avellana war eine der ersten Arten, die Europa nach der letzten Eiszeit kolonisierte. Untersuchungen deuten auf eine Ausdehnung in weiten Teilen Europas hin. Die Ausnahme bildet Süditalien und der Balkan, wo die Einfuhr durch die lokale Bevölkerungen erfolgte (PALMÉ, 2002; BOCCACCI & BOTTA, 2009). Die Hasel benötigt eine Vernalisation von 350 bis 1200 Stunden unter sieben Grad Celsius, je nach Sorte, (KÖKSAL & PROF. DR. A. I, 2002; URBAN, ERTL & STARIBACHER, 2000) um die Dormanz im Frühjahr zu brechen, weil es sonst zu unzureichendem Fruchtbehang kommt. Die Gewöhnliche Hasel kam ursprünglich vor allem auf frischen, kalkreichen Böden vor. Auf sauren und trockenen Sandböden war die Hasel deutlich schwächer vertreten. In nassen Bruch- und Moorwäldern konnte sie sich bis heute nicht etablieren (BURRICHTER, 1986).

Im Anbau unterscheiden sich *C. avellana* und *C. maxima* in der Frucht. Zellernüsse haben große Früchte mit einer relativ dünnen Schale und eine bei der Reife zurückschlagende, zweiblättrige Fruchthülle. Die Nüsse fallen meist ohne die Hülle auf den Boden und können so besser maschinell geerntet und weiterverarbeitet werden. *C. avellana* kann auf anderen Arten, wie beispielsweise auf *C. colurna* veredelt werden, wodurch die Hasel auch als Baum erzogen werden kann (M. MÖHLER, 2018). Es kann auch ohne eine Veredelung eine Stammbildung erfolgen, allerdings reagiert *C. avellana* mit Wurzelschossern, welche jährlich entfernt werden müssen.

2.2 Corylus maxima Mill.

Der deutsche Name Lambertshasel (*C. maxima*) bezieht sich auf ihre Herkunftsregion, die Lombardei in Italien. Die Art kommt auch in Südosteuropa und Kleinasien vor. Der Strauch sieht unserer heimischen Haselnuss sehr ähnlich. Ihr Fruchtbecher ist allerdings viel länger, ragt weit über die Nuss hinaus und umschließt sie röhrenförmig. Dadurch bleibt die reife Frucht über einen längeren Zeitraum am Baum hängen und muss gepflückt werden. Als Ziergehölz wird oft die Sorte 'Purpurea' gepflanzt, die als sogenannte Blut-Hasel durch Anthocyane komplett dunkelrot gefärbte Blätter ausbildet. Auch die Kätzchen sind bei dieser Sorte rot gefärbt (BÄRTELS & HAAG, 2009, DÜLL & KUTZELNIGG, 2011, BÄRTELS & ROLOFF, 2014). Die Bezeichnung Haselnuss wird sowohl für die Zellersnuss (*Corylus avellana*), als auch für die Lambertshasel verwendet. Daher gibt es auch keine getrennten Erntestatistiken. (BASSIL ET AL., 2013).

2.3 Corylus colurna L.

Die Baumhasel ist ein Baum von meist 12 bis 15 Metern Höhe, besitzt eine Pfahlwurzel und wird oft als unempfindlicher Straßenbaum verwendet. Sie wird auch als türkische Hasel bezeichnet, ist aber auch bis in die Himalaja-Region verbreitet. Die Bäume können bis zu 200 Jahre alt werden (Schütt, 2006). *C. colurna L.* kann als Unterlage verwendet werden und ist dadurch, je nach Reiser, weniger stark wachsend (M. MÖHLER, 2018).

2.2 weitere Arten

Es gibt weltweit etliche Arten, welche für die Züchtung und als Unterlage interessant sein könnten. Dies beruht auf verschiedenen Eigenschaften, insbesondere die der Frosttoleranz, der verfrühten Ernte und die schwächere Wuchsstärke inkl. Stammbildung. Dies zeigt unter anderem die Tabelle 1 im Anhang, welche die Perspektiven und Potentiale einzelner Arten darstellt.

3 Anbaugebiete

Die Haselnuss wird mittlerweile auf jedem Kontinent angebaut, mit Ausnahme der Antarktis. Begrenzt ist der Anbau durch Vegetationslängen im Jahr und geeignete Klimabedingungen in diesem Zeitraum. Die Hasel kann im Süden von Europa in wesentlich höheren Lagen als im Norden kultiviert werden. Die Höhengrenze im Erzgebirge und in den Vogesen liegt bei 800 Metern, in den Nordalpen meist bei 1.200 Meter, in Kärnten bei 1.600 Meter und in Mazedonien bei bis zu 1.500 Meter. In den Allgäuer Alpen gedeiht die Hasel im Tiroler Teil am Heuberg bei Häselgehr auf bis zu 1.500 Metern (DÖRR & LIPPERT, 2001). Die wichtigsten Haselnussproduzenten sind die Türkei, Italien, Spanien, die USA und Griechenland. Haselnüsse werden auch in Teilen der ehemaligen Sowjetunion und im Iran produziert, welche allerdings zurzeit keine Relevanz für den Weltmarkt haben. Die Türkei war der erste

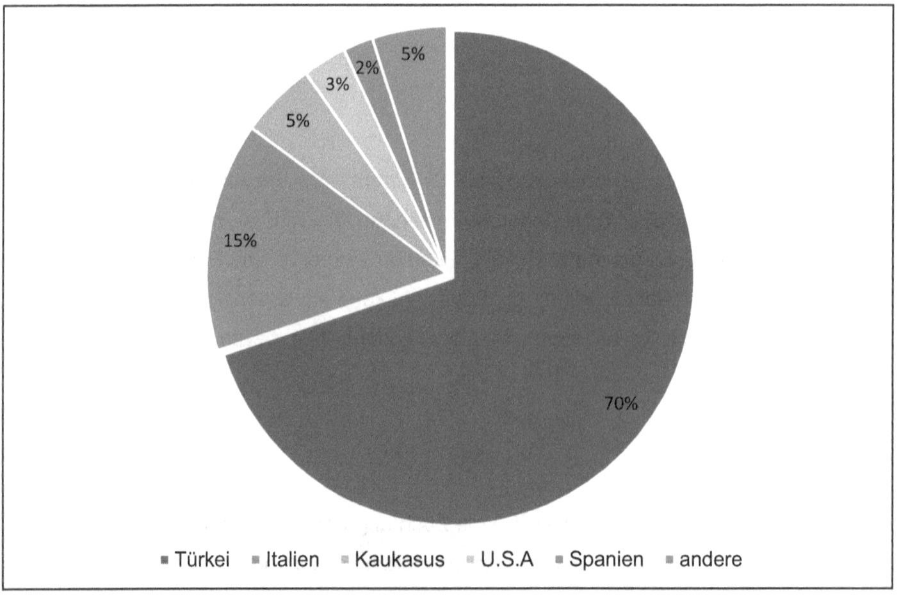

Abbildung 1: Verteilung der Haselnussproduktion bis 2018 (STORCH, 2018)

Weltproduzent und -exporteur von Haselnüssen, welches heute noch rund 70 Prozent des Weltmarktes bedient (Abbildung 1). An zweiter Stelle liegt Italien mit 15 Prozent, gefolgt durch einen stark steigenden Anbau im Kaukasus, insbesondere Georgien. Die türkische Haselnussproduktion schwankt jährlich in Abhängigkeit von den klimatischen

Bedingungen, was beispielsweise von der Saison 2002/03 bis 2012/13 in Abbildung 3 deutlich wird. Dies beeinflusst den globalen Haselnussexport und führt am Ende zu hohen Preisschwankungen.

Unter den Erzeugerländern ist der Verbrauch an Haselnüssen pro Person und Jahr in Italien am höchsten (520 Gramm Kerne pro Person). Griechenland liegt mit 369 Gramm an zweiter Stelle (Stand 1993) und die Türkei an dritter Stelle (250 Gramm). Den weltweit höchsten Verbrauch hat die Schweiz mit 2.096 Gramm Kerne pro Person, gefolgt von Österreich, Belgien, Deutschland und Luxemburg (s. Abbildung 2). Während die Schweiz eine stabile Importrate aufweist, erhöhte sich diese in den vergangenen Jahren in Frankreich, Österreich, Belgien und in Luxemburg. Deutschland ist das wichtigste Haselnussimportland der Welt und macht rund 35 Prozent des gesamten Welthandels aus (FAO, 2018).

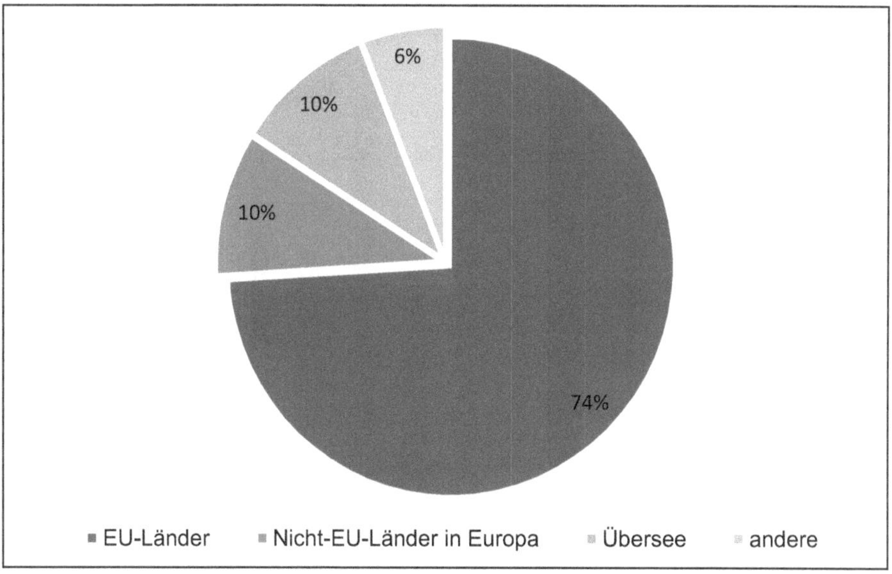

Abbildung 2: Verteilung der Abnehmer weltweit (STORCH, 2018)

3.1 Türkei

Die Türkei ist die Verbindung von Asien und Europa in der nördlichen Hemisphäre und besitzt drei Küsten. Haselnüsse werden in den östlichen und westlichen Regionen der Türkei entlang des Schwarzen Meeres angebaut, welche eine Kulturfläche von 45.000 Hektar einnehmen. Die dortigen Böden sind besonders gut für den Haselnussanbau geeignet, auch der hohe Niederschlag ist ideal. Sogar die Steppen mit einer Neigung von 20 Prozent werden für den Anbau genutzt (FAO, 2018). Zum Landesinneren hin (ab 60 Kilometer) kann die Hasel immer schlechter angebaut werden, da das Klima dort zu kontinental und mediterran wird. Das Areal erstreckt sich über große Gebiete an der Schwarzmeerküste in Nordanatolien. In den Provinzen Zonguldak bis Giresun findet man die höchste Dichte an Haselnussplantagen. (OKUYACAKLARINIZ, 2012). Die meist angebauten Sorten sind ‚Tombul' (gute Qualität) und ‚Sivri'.

Etwa zwei bis drei Millionen Landwirte (5 Prozent der Bevölkerung) sind vom Einkommen

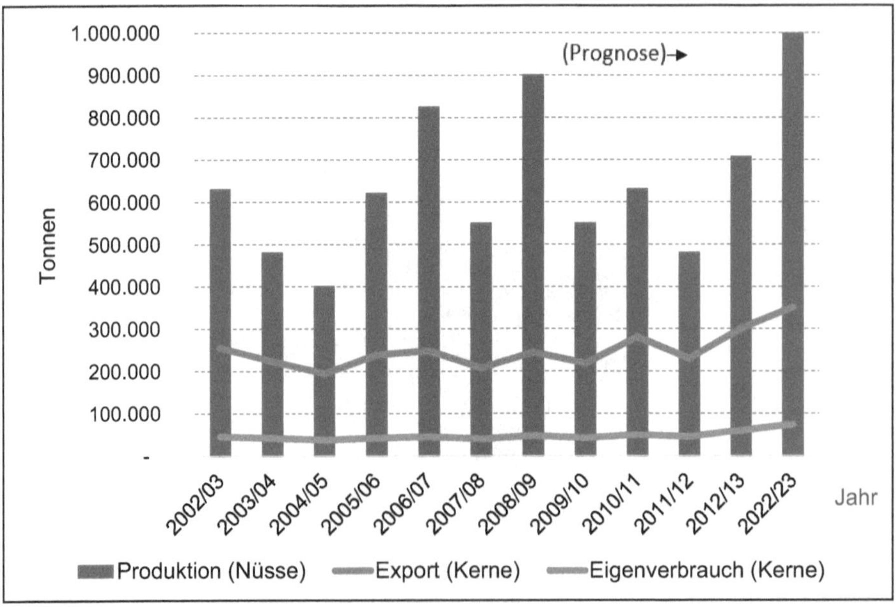

Abbildung 3: türkische Produktions- und Exportmengen von Haselnüssen, inklusive des Eigenverbrauchs, mit einer Prognose für 2022/23

der Haselnüsse abhängig. Daher ist es wichtig, den sozialen und wirtschaftlichen Wert der Haselnussproduktion dieser Region zu erkennen. Man muss allerdings erwähnen, dass sich zum Teil ökologische und soziale Probleme beim Anbau von Haselnüssen in der Türkei nicht leugnen lassen (SÜDWIND E.V., 2012). Die Türkei ist bislang der führende Haselnussproduzent und macht rund 72,9 Prozent des Weltangebots aus. Etwa 60 Prozent der Ernte werden in der östlichen Schwarzmeerregion, 15 Prozent in der Zentralregion und die restlichen 25 Prozent in der westlichen Schwarzmeerregion erzeugt. Die Türkei ist daran interessiert, den Absatz der Nüsse für den Fernen Osten, Nordamerika und Länder der ehemaligen Sowjetunion zu erweitern, weshalb die Kapazitäten weiterwachsen sollen.

Derzeit sind in der Türkei 160 Aufbereitungsanlagen mit einer Kapazität von insgesamt 1.271.250 Tonnen pro Jahr in Betrieb. Der Export von verarbeiteten Haselnüssen ist gemeinsam mit der Zunahme der Verarbeitungskapazität für geschälte und getrocknete Nüsse angestiegen (FAO, 2018). Dies muss auch für den Anbau in Deutschland betrachtet werden, da hier entsprechende Anlagen fehlen, die ein Bindeglied zur Süßwarenindustrie darstellen. Der Eigenverbrauch der Türkei bleibt stabil. Dagegen verstärken eintretende Klimaschwankungen in den Anbauregionen wechselnde Erträge und Exporte, was in Abbildung 3 zu erahnen ist. Diese Schwankungen könnten sich in Zukunft verschärfen.

Zwar gibt es öfters Aufregungen wegen erhöhten Aflatoxingehalten in Haselnüssen, welches zwei Pilze (*Aspergillus flavus* und *Aspergillus parasiticus*) bei fehlerhafter Lagerung und Trocknung erzeugen, allerdings werden die Kerne oft bei der Einfuhr in die EU auf den Aflatoxingehalt kontrolliert. Zusätzlich nimmt die verarbeitende Industrie Proben. Das führte in der Vergangenheit dazu, dass dieses Problem sehr gut eingedämmt werden konnte (STORCH, 2018). Auch das Bundesinstitut für Risikobewertung (BfR) sieht derzeit keine Gefährdung für den Verbraucher (FAO, 2018).

3.2 Italien

Italien produziert jährlich ca. 110.000 Tonnen Nüsse (mit Schale). Die Anbauflächen konzentrieren sich auf vier Regionen. Kampanien mit etwa 50 Prozent der Produktion, sowie weitere Plantagen in Piemont (10 Prozent), Latium (28 Prozent) und Sizilien (12 Prozent). Die Anbaugebiete sind Ortsbezogen stabil, allerdings schwanken die Ernten durch Witterungsbedingungen sowie der Alternanz der Bäume. Im Piemont gibt es drei Provinzen, in denen die Haselnuss angebaut wird: Cuneo im Südwesten des Piemont, wo rund 80 Prozent der Gesamtmenge erzeugt werden, Asti im Mittleren Süden (15 Prozent) und Alexandria im Südosten (5 Prozent). Dieses Haselnussanbaugebiet umfasst verschiedene hügelige Gebiete im Süden der Region namens Langhe, Roero und Monferrato mit einer Höhe zwischen 250 und 700 Metern (FAO, 2018). Die wichtigsten einheimischen Sorten sind:

- ‚Tonda Gentile delle Langhe'
- ‚Tonda di Giffoni'
- ‚San Giovanni'
- ‚Riccia di Talanico'
- , Tonda Gentile Romana'
- ‚Mortarella'
- ‚Camponica'
- ‚Tonda Bianca'

In Italien werden ausschließlich ebene oder nur leicht geneigte Flächen (geringer als 15 Prozent Steigung) für den intensiven Anbau empfohlen (URBAN ET AL., 2000). Dies ist auf den Einsatz von Maschinen zurückzuführen.

3.3 Vereinigte Staaten von Amerika

Die Produktion in den USA beläuft sich auf rund 25.000 bis 30.000 Tonnen und hat sich in den letzten Jahren zu einem Exportgeschäft für Haselnüsse entwickelt (fao, 2018). Bis dahin verbrauchte die USA den Großteil der eigenen Nüsse und importierte zusätzlich fast 4.000 Tonnen Kerne aus der Türkei (95 Prozent), um den Eigenbedarf zu decken. Ein Großteil der Nüsse kommt aus Oregon, genauer gesagt dem Williamette Valley mit rund 1.000 Millimeter Niederschlag, zusätzlich etabliert sich nach und nach der Anbau in Kalifornien (URBAN ET AL., 2000). Ein wichtiger Quarantäneschaderreger ist der östliche Haselnussbrand (*Anisogramma anomala*). Durch diesen Pilz ist die Einfuhr von Pflanzmaterial in die EU erschwert.

Der Haselnussexport aus den USA erhöht den Wettbewerb in Deutschland, zusätzlich zu italienischen Nüssen. Italienische Haselnüsse sind zwar meist von höherer Qualität als die US-amerikanischen, allerdings sind diese oft preiseffizienter produziert (FAO, 2018). Da die Qualität von in-Shell Nüssen vermutlich nicht vom Endverbraucher eingeschätzt werden kann, ist die Preispolitik ein wichtiger Parameter für die Kaufentscheidung.

3.4 Spanien

Spanien ist nach der Türkei, Italien und den USA der viertgrößte Haselnussproduzent weltweit (Stand 1997 mit 18.000 Tonnen). Da allerdings Verarbeiter, wie FERRERO, eigene Anbaugebiete etablieren, kann sich die Rangliste in Zukunft allerdings schnell ändern. Katalonien ist die Hauptproduktionsregion Spaniens und liegt im Nordosten. Innerhalb dieser Region ist die Provinz Tarragona die größte Anbaufläche mit 27.000ha, welches knapp 90 Prozent der gesamten Produktion ausmacht. Tarragonas Plantagen können in zwei Gruppen eingeteilt werden (FAO, 2018).

1. die Haselnussanlagen in der Provinz „Priorat“, welches einen geringen Mechanisierungsgrad aufgrund der hügeligen Umgebung aufweist. Dort herrscht eine trockene Bewirtschaftung, da es dort nur rund 400 Millimeter Jahresniederschlag gibt. Darüber hinaus ist die Produktivität mit 500 bis 800 kg Kerne/ha eher gering – Tendenz sinkend
2. die ebenen Plantagen der Region „Camp de Tarragona“ in der Nähe der Mittelmeerküste welche stark mechanisiert sind. Die Produktivität ist dort mit 2.000 bis 2.500kg Kerne/ha hoch. Die hauptsächliche kommerzielle Haselnussproduktion wird aus dem zweiten Bereich gewonnen

Die wichtigsten Sorten in Spanien sind:

- ‚Negret‘ (70 Prozent)
- ‚Gironell‘
- ‚Pauetet‘
- ‚Culplà‘
- ‚Pauetet‘ (gute Bewässerung erforderlich)
- ‚Grifoll‘
- ‚Trenet‘
- ‚Ribet‘
- ‚Morell‘

Es werden auch italienische Sorten, wie ‚Tonda di Giffoni‘, ‚Tonda Romana‘ und ‚San Giovanni‘ verwendet, da sie hohe Erträge und einen kommerziellen Wert haben.

Die Süßwaren- und Schokoladenindustrie verbraucht etwa 60 bis 70 Prozent der inländischen Lieferungen. In Spanien wird die Haselnuss über das ganze Jahr im Wettbewerb mit Mandeln, Erdnüssen und anderen Snacks vermarktet. Steigende

Mandelpreise führen zu einer erhöhten Nachfrage nach Haselnüssen in der Süßwarenindustrie. Der Export von Haselnüssen aus Spanien nimmt ab, während der Import und der Verbrauch steigt (FAO, 2018). Aus diesem Grund ist eine starke Konkurrenz für deutsche Haselnüsse in naher Zukunft nicht zu erwarten.

3.5 Frankreich

Der Anbau in Frankreich wächst. Mit Hilfe des Landwirtschaftsministeriums werden jährlich 50 bis 100ha gepflanzt. 1996 wurden allerdings erst 3.500 Tonnen Nüsse geerntet, weshalb die Gesamternte nicht im weltweiten Vergleich aufgeführt wird. 90 Prozent der Haselplantagen liegen im Südwesten Frankreichs. Im Jahre 1972 wurden 2.500 Hektar Haselnuss angebaut, hauptsächlich in Aquitanien und Midi-Pyrenäen und kleinere Flächen im Garonne-Tal. Frankreich importiert jährlich 16.000 Tonnen Kerne und etwa 1.500 Tonnen Muschelnüsse (in-Shell), welche hauptsächlich aus der Türkei, Italien und Spanien importiert werden.

Die Sorten beschränken sich in den französischen Anbaugebieten auf:

- ‚Ennis‘ (26 Prozent)
- ‚Fertile de Coutard‘ (22 Prozent)
- ‚Segorbe‘ (16 Prozent)
- ‚Corabel‘ (12 Prozent)
- ‚Pauetet‘ (8 Prozent)

Diese Sorten sind meist für den Direktabsatz und machen den Großteil der angebauten Ware aus, da Deutschland, mit 1.500 Tonnen in den letzten drei Jahren, ein bedeutender Abnehmer ist (FAO, 2018).

3.6 Deutschland

In Deutschland werden zurzeit auf etwa 400ha Haselnüsse produziert, wobei ein Großteil aus Bayern (300ha) kommt. Eine weitere nennenswerte Anlage findet sich in Sachsen [Bio-Anlage (ab 2019) mit 45ha in Dürrweitzschen], zusätzlich gibt es weitere kleine Projekte bspw. in Thüringen, wo einzelne landwirtschaftliche Betriebe Sortenversuche betreiben (KUHAUPT, 2017). Ein Großteil der Haselnüsse werden als in-Shell Ware direktvermarktet. Es gibt auch Betriebe, welche sich auf den Verkauf von verarbeiteten Kernen spezialisiert haben, allerdings gibt es in Deutschland bisher noch keine großen Haselnussknackmaschinen. Deshalb werden die Nüsse bisher noch zum Knacken nach Italien gefahren, weshalb allerdings der regionale Vorteil deutscher Haselnüsse im Verkauf größtenteils entfällt. Um eine rentable Lösung zu finden, müssen zentrale Knackmaschinen in Deutschland gebaut werden, welche allerdings mehrere Anbauer erfordern, um die Anlage ökonomisch betreiben zu können. (STORCH, 2018) Ebenfalls könnte eine Förderung seitens der Politik Abhilfe schaffen.

Deutsche Haselnüsse haben gegenüber dem internationalen Markt den Vorteil, dass die produzierten Nüsse zu den hochwertigsten gehören. Das kühlgemäßigte Klima sorgt dafür, dass die Nüsse besonders aromatisch sind. Konditoren und Hersteller von hochwertigen Schokoladeprodukten beziehen deshalb gerne deutsche Nüsse. Zusätzlich gibt es in Deutschland strengere Vorgaben für Pflanzenschutzmittel als in anderen Nicht-EU Ländern, was für den Verbraucher interessant sein könnte (SCHWEIKERT, 2014). Dieses Klima ist paradoxerweise aber auch der größte Nachteil des Anbaus in Deutschland, denn durch häufig einsetzende Spätfröste sterben die männlichen und weiblichen Blüten der Haseln ab, was zum Ertragsausfall führt. Dies wird dadurch verstärkt, dass sich das Datum der Haselnussblüte in den vergangenen Jahren tendenziell nach vorne verschoben hat. Dies verlängert zwar die Wachstumsperiode, erhöht allerdings die Gefahr des Abfrierens der Blüten (DEUTSCHER WETTERDIENST, 2018). Aus diesem Grund kann die Haselnuss in der Gegenwart nicht als Hauptkultur verwendet werden und dient häufig nur als Nebenerwerb.

Die Vermarktung deutscher Nüsse seitens der Verarbeiter erweist sich dazu noch als kompliziert. Das liegt daran, dass dem Verbraucher in Deutschland nicht bewusst ist, dass die Ware zurzeit fast vollständig aus dem Ausland bezogen wird. Wenn man anfängt, einzelne Produkte mit „deutschen Haselnüssen" zu deklarieren, schadet dies dem Ansehen anderer Produkte aus dem Unternehmen. (STORCH, 2018).

Die verwendeten Sorten beschränken sich bisher auf die Nutzung von ausländisch gezüchteten oder gefundenen Haselnusssorten. Eine gezielte Züchtung für den Anbau in

Deutschland gibt es bisher nicht und ist auch bisher nicht in Auftrag gegeben worden. Die verwendeten Sorten sind nach Möhler (2017) und Nitsch (2015):

Zum Vermarkten in Schale

- ‚Hallesche Riesen‘
- ‚Corabel‘
- ‚Emoa-1‘
- ‚Ennis‘
- ‚Butler‘
- ‚Katalonski‘

Als Verarbeitungsprodukt

- ‚Pauetet‘
- ‚Tonda romana‘
- ‚Daria‘
- ‚Torino
- ‚Riccia di Talanico‘
- ‚Emoa 35‘

Es ist zu erwähnen, dass die Sorten sich besonders an den Blüten unterscheiden. Während einige Sorten bei Blütenfrost in der Lage sind, weibliche Narben nachzuschieben, können dies andere Sorten nicht (NITSCH, 2018). Dieses Merkmal kann zwar auf molekularer Ebene noch nicht genau zugeordnet werden, allerdings für künftige Züchtungen nützlich sein. Denn zwei Probleme sind bislang die zu frühe Blüte, welche teilweise schon im November beginnt, als auch die Frostempfindlichkeit der Blüten. Da diese Merkmale sich unter den Sorten stark unterscheiden, ist davon auszugehen, dass dieses züchterisch bearbeitet werden kann.

3.3 Sonstige

Eine weitere Anbauregion mit großem Potential findet sich im Kaukasus, wo bereits 5% der Welternten produziert werden. Dort wird der Anbau aufgrund der Unterstützung der Landespolitik stark ausgeweitet. Dieses Gebiet wird sich zukünftig positiv auf den Haselnussmarkt auswirken, da sie die dominante Stellung der Türkei im Anbau begegnet. (STORCH, 2018).

In den letzten zwei Jahrzehnten wurde Ferrero an der Produktion von Haselnüssen immer aktiver (Abbildung 4). Sie haben mit der Kultivierung unter anderem in Regionen wie Georgien, Chile, Südafrika und Australien begonnen. Dank der zusätzlichen Ernteperiode in der südlichen Hemisphäre zwischen Februar und Mai soll dies eine konstant hohe Qualität und Frische der Haselnüsse über das gesamte Jahr garantieren (FERRERO, 2018).

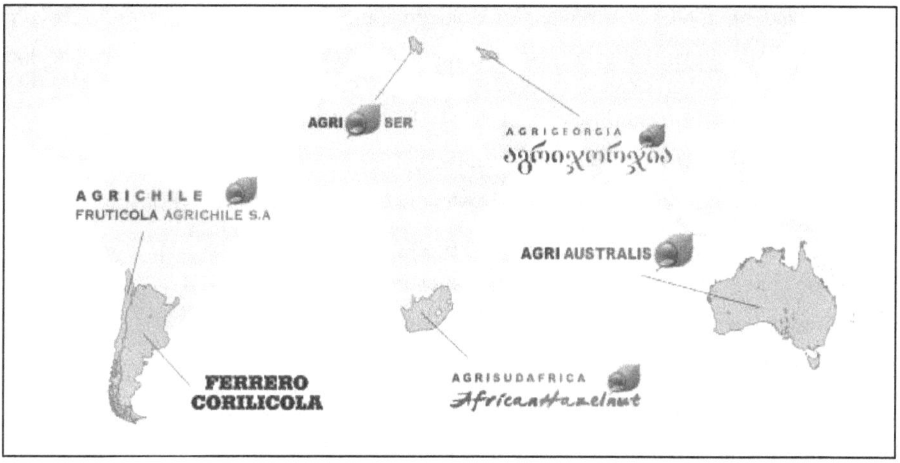

Abbildung 4: Haselnussanbaugebiete der FERRERO Hazelnut Company (FERRERO, 2018)

Besonders in Ländern, welche einen hohen Bedarf an Haselnüssen haben, erfolgt eine Überlegung des regionalen Anbaus. Dies zeigen auch Anbauberatungen in der Schweiz (MAURER, 2015). Da das Klima dort noch ungünstiger als in Deutschland ist, orientieren sich die Verarbeiter, wie Ragusa, dort allerdings eher in Richtung Türkei und Georgien (Möhler, 2018).

4 Schaderreger, Anbaurisiken und Kulturmaßnahmen

Der Anbau der Hasel ist in Deutschland nur geringfügig vorhanden und bedarf einer Effektivierung. Angesichts der Anbaumethoden erinnert der Fortschritt an den des Apfels, als er durch Karawanen aus dem fernen Osten nach Europa gebracht wurde. Zwar ist der Informationsaustausch nicht zu vergleichen, allerdings sind die Sorten und die Anbausysteme bisher nicht an unsere Klimabedingungen angepasst worden. Ebenfalls ist die Anbauerfahrung noch ausbaufähig. Dies führt unter anderem dazu, dass die Früchte zwar oft qualitativ gut sind, allerdings nützt das nichts, wenn der Ertrag sehr unregelmäßig und niedrig ist.

Im Folgenden wird auf die Gründe für Ertragsverluste eingegangen, sowie mögliche Maßnahmen, um dem entgegen zu wirken. Ein Vorteil des Haselnussanbaus liegt bezüglich der Schaderreger darin, dass es noch keinen flächendeckenden Anbau in Deutschland gibt. Dadurch sind bedrohliche Arten nur in wenigen Gebieten stark vorkommend. Die am häufigsten auftretenden tierischen Schaderreger wurden von Nitsch (2015) erfasst und beinhalten:

- den Haselnussbohrer (*Curculio nucum L.*),
- Frostspannerraupen des Großen Frostspanners (*Erannis defoliaria Cl.*)
- den Kleinen Frostspanner (*Operophtera brumata L.*),
- den chnellkäfer und deren Larven (Drahtwurm),
- Raupen der breitfüßigen Birkenblattwespen (*Craesus septentrionalis L.*),
- Schmetterlingsraupenarten,
- Blindwanzen und Weichwanzen,
- Baumwanzen, Zikaden, Blattläuse,
- Schildläuse, vor allem die Große Obstbaumschildlaus (*Eulecanium robiniarum*)
- Spechte, Rabenvögel und Eichhörnchen.

Ein starker Anstieg der Schädlingspopulationen konnte laut Nitsch (2015) über die Jahre in den wenigen deutschen Anlagen nicht festgestellt werden. Dies gilt sowohl für die konventionell, als auch für die ökologisch bewirtschafteten Anlagen. Höhere Populationen in manchen Jahren waren meist auf witterungsbedingte Einflüsse zurückzuführen. Insgesamt wurden in den Anlagen viele Nützlinge und ungefährliche Arten gefunden, wodurch sich ein ökologisches Gleichgewicht bei korrekter Bewirtschaftung einstellt (NITSCH, 2015).

Die Regulierung der Blattläuse kann beispielsweise durch Marienkäferlarven und Florfliegen geschehen. Der Pflanzenschutzmitteleinsatz kann daher sogar negative Auswirkungen auf die Anlage haben, da die Nahrungsgrundlage der Nützlinge zerstört wird. Diese Nützlinge wurden 2015 in den Anlagen gefunden:

Webspinnen, Ohrwürmer, Marienkäfer, Schlupfwespen, Florfliegen, verschiedene nützliche Wanzenarten (Raubwanzen, Blumenwanzen, Sichelwanzen), Springschwänze, Weichkäfer und Kurzflügelkäfer (NITSCH, 2015)

„Der Haselnussbohrer ist der wichtigste Schädling im Haselnussanbau. Für die erfolgreiche Bekämpfung des Haselnussbohrers ist es entscheidend, den richtigen Bekämpfungszeitpunkt zu wählen. Die Bekämpfung sollte nach dem Käferschlupf zum Flugzeitpunkt der Käfer vor der Eiablage erfolgen. [...] Zur Bekämpfung des Haselnussbohrers im konventionellen Anbau ist derzeit nur das Pflanzenschutzmittel Calypso (Wirkstoff: Thiacloprid) (bvl.bund.de, 2018) *mit einer 2maligen Anwendung zugelassen. [...] Als pflanzenbauliche Maßnahme zur Reduzierung des Haselnussbohrerbefalls ist eine flache Bodenbearbeitung zum Zeitpunkt der Abwanderung der Larven in den Boden (Ende Juli/August) möglich.“* (NITSCH, 2015)

Zu den pilzlichen Krankheiten gehören:

- *Monilia coryli*,
- Haselnussmehltau (*Phyllactinia guttata*),
- Blattbräune (*Apiognomonia sp.*),
- *Botrytis cinerea*, Schwärzepilze (*Alternaria sp., Cladosporium sp., Trichothecium roseum*).

Von den Pilzen kann *Monilia coryli* in niederschlagsreichen Jahren ein Problem werden, allerdings ist zurzeit kein Fungizid für den Haselnussanbau zugelassen (Stand Januar, 2019). Daher können nur die folgenden Anbaumaßnahmen ergriffen werden:

- lichte Bestände, um ein rasches Abtrocknen zu ermöglichen

- entfernen befallener Fruchtstände
- ausgewogene Düngung, Vermeidung übermäßiger Stickstoffdüngung
- Sortenwahl

  (NITSCH, 2015)

Was bakterielle Erkrankungen angeht, können *Pseudomonas syringae pv. Coryli* und *Xanthomonas arboricola pv. corylina* zum Problem werden. Besonders in Junganlagen kann die Krankheit ganze Bäume abtöten (NITSCH, 2015). Diese beiden Arten treten nicht nur in Kulturanlagen auf, sondern auch in der freien Natur an Wildhaseln. Von besonderer Bedeutung ist dabei, dass viele der nachweislich befallenen Wildhaseln keine oder nur sehr schwache Symptome, wie aufgehellte oder nekrotische Blätter oder welkende Triebe aufweisen. Die Kehrseite ist, dass die Bakterien sich bereits an relativ robusten Haseln etabliert haben und sich bestens an die kultivierten Sorten anpassen konnten. Besonders in Stresssituationen, wie der Pflanzung, sind die Bäume bzw. Sträucher anfällig. Werden die Haseln zu einem ungünstigen Termin gepflanzt (Dezember) oder mit unsachgemäßer Pflege behandelt, kann ein Befall ausbrechen, welcher die ganze Anlage zerstört.

Grundlage für den erfolgreichen Anbau sollten vitale Jungpflanzen sein. Bisher können aufgrund von mangelnden Datenmengen keine gesicherten Aussagen zu Sortenanfälligkeiten hinsichtlich des Bakterienbefalls gemacht werden (PROBST, 2014). Erwähnenswert ist, dass sich in der Versuchsanlage der Bayerischen Landesanstalt für Landwirtschaft die Sorten 'Gustav Zeller' und 'Webbs Preisnuss' als besonders anfällig für diese bakterielle Erkrankung erwiesen haben (NITSCH, 2015).

Abbildung 5: Haselnussanlage an der TLLLR (MÖHLER, 2017, S. 45)

Mögliche Ursachen für den Befall von *Xanthomonas* und *Pseudomonas* sind:

- Wunden (Blattfall, Hagel, Schnitt und Frostrisse)
- Nässe (Regen, Tau)
- befallenes Jungpflanzenmaterial

Frostrisse sind dabei ein häufiger Grund für den Befall von jungen Pflanzen und können mit dem Weißen der Stämme verhindert werden (Abb. 5). Bei *C. avellana und C. maxima* entstehen jährlich Stockaustriebe, welche durch mechanische Bearbeitung oder durch chemische Behandlung [„Quickdown“ (bvl.bund.de, 2018)] entfernt werden müssen, wenn die Pflanzen nicht auf Stammbildnern veredelt wurden. Unkraut kann durch den Herbizideinsatz eingedämmt werden, allerdings genügt auch ein Rasenschnitt zwischen den Reihen, um Problemen entgegenzuwirken. (PROBST, 2014) Bei allen Maßnahmen in der Anlage sollte bedacht werden, dass der große Vorteil der Biodiversität, welcher in den Plantagen vorkommt, genutzt werden sollte und durch zu „saubere“ Flächen beeinträchtigt wird, was den Schadorganismen am Ende mehr nützt als schadet.

5 Verarbeitung

Ein Großteil aller Nüsse werden weiterverarbeitet. Aus diesem Grund sollten sich Anbauer diesbezüglich genaustens informieren, wenn sie den Anbau in Erwägung ziehen. Die Verarbeitung kann in zwei Stufen beschrieben werden. In der ersten Stufe wird die Schale gerissen und vom Kern getrennt. In der zweiten Stufe wird der Kern, je nach Verwendungszweck, unterschiedlichen Prozessen unterzogen. Dazu gehören Blanchieren, Rösten, Schneiden, Zerkleinern, Pulverisieren oder zu einer Paste verarbeitet werden (FAO, 2018). Die Grundlage bildet der fettreiche Kern, welche von den Inhaltsstoffen auch für die Gesundheit förderlich sein kann. Eine Übersicht zeigt die Tabelle 1, welche den Gehalt an Inhaltsstoffen in Gramm, sowie der enthaltenen Tagesdosis in Prozent angibt (schwankt je nach Geschlecht und Alter. Die Referenz ist weiblich von 15 bis 19 Jahren). Die Fettsäuren sind überwiegend ungesättigt und erhöhen den Cholesterinspiegel nicht (Tab. 2).

Tabelle 1: Nährwert von Haselnüssen (ELMADFA, AIGN & MUSKAT, 2013; DGE, 2019)

Nährwerte	bezogen auf 100 g	Empfohlene Tagesmenge für Jugendliche und Erwachsene	1 Portion (25 g)
Energie:	644 kcal/2696 kJ	29,3%	161 kcal/674 kJ
Fett:	61,6 g	86,8%	15,4 g
Eiweiß:	12 g	25,0%	3 g
Kohlenhydrate:	10,5 g	4,0%	2,6 g
Ballaststoffe:	8,2 g	<27,3%	2,1 g
Magnesium:	150 mg	37,5%	37,5 mg
Phosphor:	330 mg	47,1%	82,5 mg
Kalium:	630 mg	15,8%	157,5 mg
Eisen:	3,8 mg	25,3%	0,9 mg
Calcium	225 mg	18,8%	56,3 mg
Vitamin E:	26,6 mg	222%	6,7 mg
Vitamin B1:	0,4 mg	36%	0,1 mg
Vitamin B6:	0,31 mg	21%	0,08 mg
Vitamin B2:	0,2 mg	14%	0,05 mg
Niacin:	1,4 mg	9%	0,35 mg

Tabelle 2: Inhaltsstoffe von Haselnussöl (KRIST, BUCHBAUER & KLAUSBERGER, 2008)

100 g Haselnussöl enthält durchschnittlich:	
Nährstoff	**Menge**
Kalorien	882 kcal (3.693 kJ)
Fettgehalt	100g
Gesättigte Fettsäuren	8g
Ungesättigte Fettsäuren	92 g
Einfach ungesättigte Fettsäuren	78 g
Mehrfach ungesättigte Fettsäuren	14g
Cholesterin	0 mg
Natrium	0 mg
Kohlenhydrate	0 mg
Ballaststoff	0 mg
Zucker	0 mg
Protein	0 mg
Rauchpunkt	150 °C

Im Welthandel werden fast ausschließlich Kerne gehandelt, weil dadurch Transportkosten eingespart werden können. In Deutschland gibt es bezüglich des Handels nur zwei Möglichkeiten. Der Verkauf von unverarbeiteter Ware, welche nur für die Direktvermarktung interessant ist. Zum anderen zumindest geknackte Ware. Bis die Kapazitäten der Nussernten eine Knackmaschine in Deutschland ermöglicht, müssen die Nüsse aber weiterhin im Ausland geknackt werden. Die Sortierung und Kalibrierung kann trotzdem vom Anbauer ökonomisch übernommen werden. Ein Beispiel für eine Trommelsiebmaschine gibt das bayrische Institut für Landtechnik und Tierhaltung. Die Nuss muss gleichmäßig getrocknet werden, welches durch die Gebläseintensität und deren Lufttemperatur gesteuert wird (NITSCH, 2015). Die Feuchte im Kern beträgt zur Zeit der Ernte etwa 20 bis 28 Prozent und muss auf 6 Prozent getrocknet werden, um sie langfristig haltbar zu machen. Dies muss bei der Kostenkalkulation beachtet werden, da bereits nach der Trocknung ein erheblicher Massenschwund zu verzeichnen ist. Eine gute Übersicht über die Weiterverarbeitung im Betrieb gibt der Verein Bayerischer Haselnusspflanzer e.V. (http://www.haselnussanbau-verein.de/weiterverarbeitung.html).

Der Einzelhandel ist an der Abnahme von deutschen Kernen interessiert. Bisher werden viele Produkte mit Kernen im deutschen Handel angeboten (Anhang, Abb. 1). Wenn die

Kerne zu Nougat verarbeitet werden sollen, ist die Sortenwahl entscheidend, da ein gutes Geschmacksprofil ausschlaggebend ist. Ein geringer Fettgehalt ist für die Herstellung von stückigen Nougatprodukten ebenfalls vorteilhaft, da die Fette der Nuss Öle sind und damit die Stabilität eher beeinträchtigen. Daher werden die Nusslieferungen auf den Ölgehalt untersucht und Partien gegebenenfalls miteinander gemischt bzw. verschnitten (STORCH, 2018).

6 Anbau in Deutschland

Die Fläche des Haselnussanbaus stagniert seit einigen Jahren und liegt heute bei etwa 400 Hektar. Diese Flächen befinden sich vor allem in Bayern, in Baden-Württemberg und in Sachsen. Dort werden Beratungen seitens des Amtes für Ernährung, Landwirtschaft und Forsten (AELF Fürth in Bayern) durchgeführt. Das Thüringer Landesamt für Landwirtschaft und ländlichen Raum empfiehlt den Anbau aus wirtschaftlichen und anbautechnischen Gründen zurzeit nicht, da lohnbringendere Kulturen an relevanten Standorten für den Haselnussanbau kultiviert werden können. Dazu zählt im Moment noch beispielsweise die Süßkirsche (MÖHLER, 2019).

Der Anbau ist laut Nitsch (2015) in Deutschland sinnvoll, da:

- die Nachfrage von qualitativ hochwertigen Haselnüssen vorhanden ist und stetig steigt
- der Wettbewerbsvorteil regional angebauter Nüsse in der Frische, der Qualität und Geschmack liegt
- sowohl der Kern, als auch die Schale (zum Verbrennen) verwendet werden kann
- Anlagen über mehrere Generationen hinweg bestehen können (Es gibt hundertjährige Anlagen in den USA)
- es wenig Arbeitsaufwand gibt, welcher sich gut in die von anderen Kulturen integrieren lässt. Pflege und Ernte sind mechanisierbar

Hemmende Faktoren sind allerdings laut Kuhaupt (2017):

- lange Ertragswartezeiten
- Schnittprobleme bei bestehenden Anbausystemen
- unsichere Rentabilitätsprognosen für Thüringen, was teilweise für den Anbau in Deutschland übertragen werden kann
- fehlende Organisationsstrukturen des Haselnussanbaus
- geringe Erfahrungswerte aus Praxis und Forschung

6.1 Anbaubedingungen und -Formen

Wenn der Haselnussanbau in Deutschland erfolgen soll, müssen folgende Grundvoraussetzungen für den Standort vorhanden sein (MÖHLER, 2017; NITSCH, 2018):

- warme, helle Lagen
- keine Frostlagen, milde Winter
- tiefgründige humose Böden
- gute Bodenvorbereitung vor der Pflanzung
- keine staunassen Böden
- offene, aber keine windexponierten Lagen
- hoher Niederschlag (800mm oder mehr) oder Tropfbewässerung
- keine Trockenstandorte
- günstiges Kleinklima zur Zeit der Bestäubung

Abbildung 6: kleiner Teil der Haselnuss-plantage in Dürrweitzschen (2018)

Die Pflanzen müssen gut belichtet sein, da sich an zu schattigen Stellen keine Früchte bilden (MÖHLER, 2019; NITSCH, 2018). Trockenheit und Kälte im Sommer verursacht große Ertragsverluste, da Nüsse dadurch abgestoßen werden oder hohl bleiben (PROBST, 2014). Bei trockenen Standorten kann eine Tropfbewässerung dem entgegenwirken. Um verbesserte Wasser- und Nährstoffaufnahmen zu erzielen, könnten ebenfalls Kombinationen mit Mykorrhiza (wie Tuberaceaen) interessant sein (ROMLEWSKI, 2015). Einen nennenswerten Ertrag bringen die Anlagen nach sechs bis sieben Jahren. Die Obstland AG in Dürrweitzschen hat bspw. erstmals 2014 nach dieser Zeit rund 60 Tonnen getrocknete Nüsse ernten können (43 Hektar und 36.500 Bäume) (WOLFGANG SCHEEFE, 2015). Diese Pflanzen sind unveredelt und als Stamm gezogen (siehe Abbildung 6). Wie bei anderen Obstarten wäre eine schwachwüchsige Unterlage wohl positiv für einen schnelleren Ertragsbeginn nach der Pflanzung. Eine bisherige Checkliste für die Sortenempfehlung ist im Anhang zu sehen (Tab. 2)

Finanziell macht eine Anlage ausschließlich Sinn, wenn (KUHAUPT, 2015)

- die Fläche langfristig zur Verfügung steht
- für die Finanzierung der ersten Jahre (ertraglose Zeit und Zeit mit geringen Erträgen) Kapital bereitgestellt werden kann
- die Kultur durch den maschinellen Einsatz bei Schnitt und Ernte optimiert werden kann
- eine gleichbleibende Ernte und Qualität sichergestellt werden kann

Die Kulturarbeiten sind im Vergleich zu anderen obstbaulichen Kulturen eher gering und können mit praxisüblichen Maschinen im Obstbau geschehen. Ausnahmen bilden die Ernte und ggf. die Entfernung von Wurzelschossern bei unveredelten Haseln. Bei der Ernte ist zu beachten, dass Feuchtigkeit und Laub zu schlechten Aufleseergebnissen und stark verunreinigtem Erntegut führen (NITSCH, 2018). Eine Übersicht der Tätigkeiten im Jahresverlauf gibt die Abbildung 7.

Tätigkeit im Jahresverlauf	01	02	03	04	05	06	07	08	09	10	11	12
Bekämpfung Schildläuse/Milben		X	X									
Schnitt Winter			X	X	X							
Schnitt/knicken/streifen Sommer						X	X	X				
Düngung: Boden =X, Blatt =B;			X	X		X+B	X+B			B		
Pflanzenschutz Monilia						X	X	X				
Pflanzenschutz Haselnussbohrer						X						
Herbizid in der Reihe				X		X		X				
Mulchen/Mähen der Fahrgassen				X	X	X	X	X	X	X		
Erntevorbereitung								X	X			
Ernte									X	X		
Stammanstrich weiß											X	X
Bestandskontrollen	X	X	X	X	X	X	X	X	X	X	X	X
Mäusekontrolle/bekämpfung	X	X	X		X		X		X		X	X

Abbildung 7: Pflegearbeiten im Jahresverlauf (NITSCH, 2015)

6.1 Anforderungen an die Nuss

Nüsse werden für die Verarbeitung in zwei Aufbauformen unterschieden, da diese unterschiedlich bearbeitet werden müssen (Abbildung 8 und 9). In der Verarbeitung sind kugelige Sorten erwünscht, da sie sich besser knacken und rösten lassen.

Kugelige Haselnusstypen,
gezüchtet/selektiert auf gleichmäßig geformte, relativ kleine (9-15 mm), wohlschmeckende, schälbare (inneres Häutchen) und kugelrunde Kerne.
Verkauf als geknackte Haselnusskerne zur Weiterverarbeitung
- als ganze Kerne (Müsli, Schokolade); geröstet oder ungeröstet,
- gerieben zum Backen,
- gehackt und als
- gemahlene Paste

Abbildung 8: Kugelige Haselnusstypen (NITSCH, 2015)

Längliche Haselnusstypen,
im nordeuropäischen Bereich verbreitet, bekannt und klimatisch angepasst, meist wohlschmeckend und reichtragend. Aromasorten als Besonderheit!
Schwierigkeiten:
- nach unseren Versuchserfahrungen teilweise anfälliger für Bakteriosen
- Teilweise nicht frei fallend, aber Fruchtcluster schüttelfähig,
- Vor der Trocknung müssen die Nüsse von den Fruchthüllen befreit werden (= mechanisierbar).
- Längliche Form des Kernes für die industrielle Verarbeitung nicht erwünscht. (rollen nicht gleichmäßig, Probleme beim Rösten möglich)

Abbildung 9: Längliche Haselnusstypen (NITSCH, 2015)

Ausschlaggebend für den Verkaufspreis ist in der Regel nicht der Nussertrag (Abb. 10 und 11), sondern der der Kerne. Da sich das Nuss/Kern-Verhältnis der einzelnen Sorten unterscheidet, ist es wichtig, dies bei der Sortenauswahl zu berücksichtigen (Abb. 12). Deutsche Nüsse zeichnen sich besonders durch einen besonderen Geschmack aus (STORCH, 2018). Aus diesem Grund sollte Wert auf das Geschmacksprofil gelegt werden, welches sowohl für den Direktabsatz von gerösteten (Abb. 13) und ungerösteten (Abb. 14) Kernen, als auch für Verarbeitungsware (Abb. 15) differenziert werden sollte. Dazu wurden jeweils zwei verschiedene Sorten von Nitsch (2015) untersucht und verdeutlichen die Schwankungen des Geschmacks von Haselnüssen.

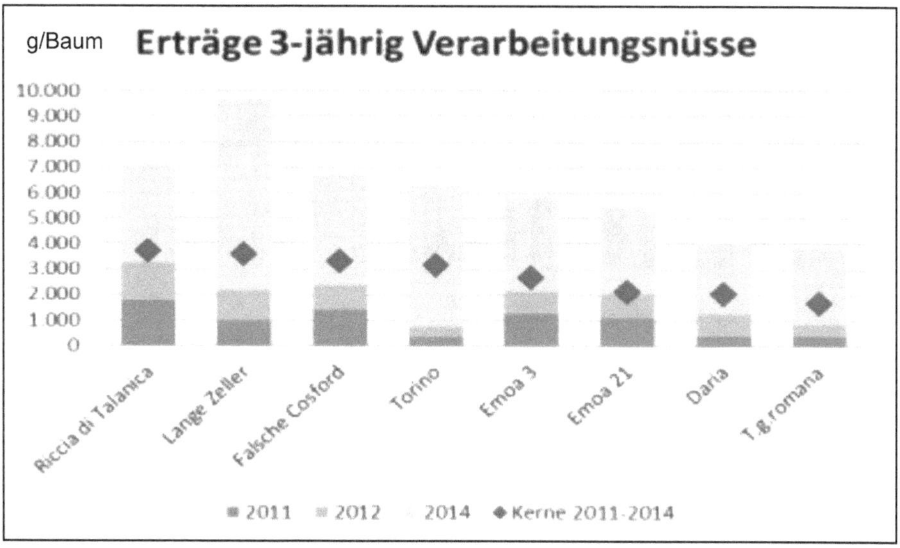

Abbildung 10: Ertrag von Verarbeitungssorten (NITSCH, 2015), bearbeitet durch Jannick Nußbaum (2019)

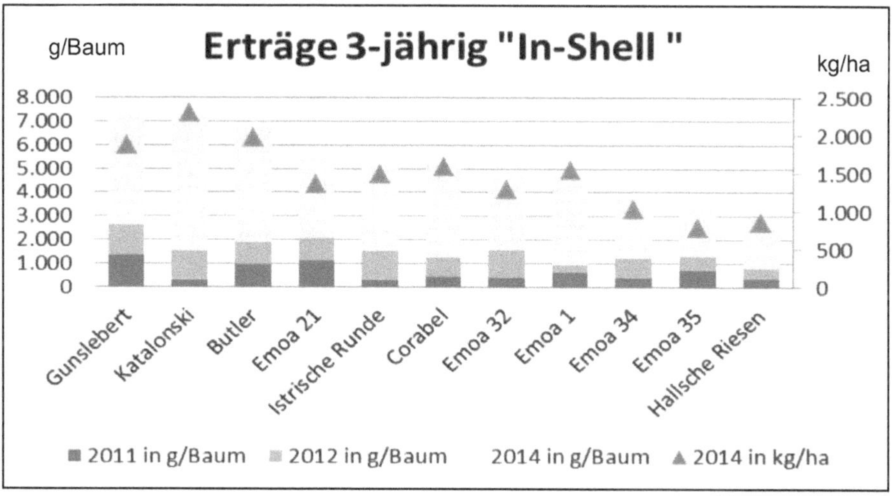

Abbildung 11: Ertrag von "in Shell"- Sorten (NITSCH, 2015), bearbeitet durch Nußbaum (2019)

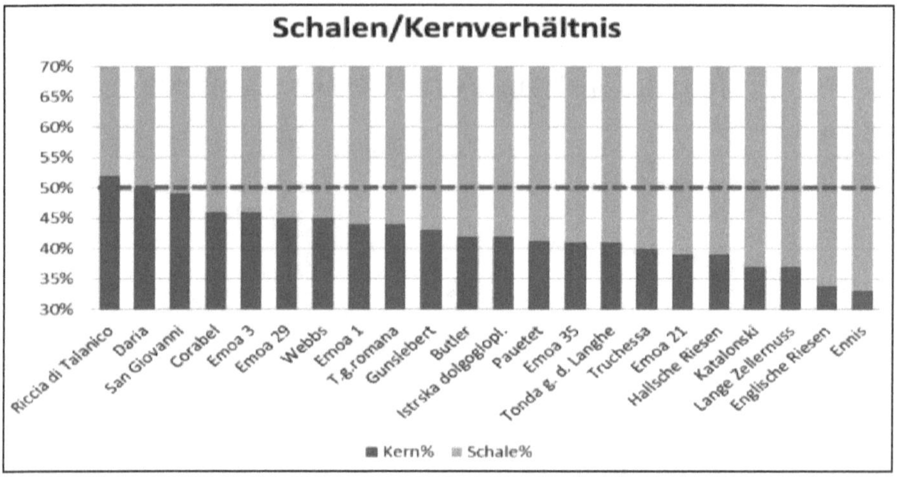

Abbildung 12: Schalen/Kernverhältnis von Haselnüssen (NITSCH, 2015)

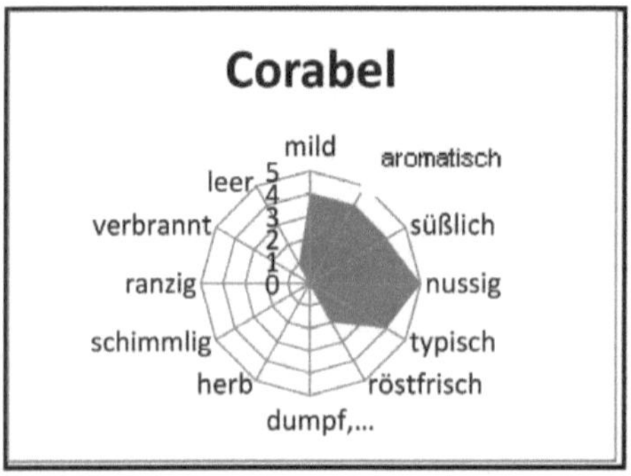

Abbildung 13: Geschmacksprofil von Nüssen für Direktabsatz (geröstet) (NITSCH, 2015)

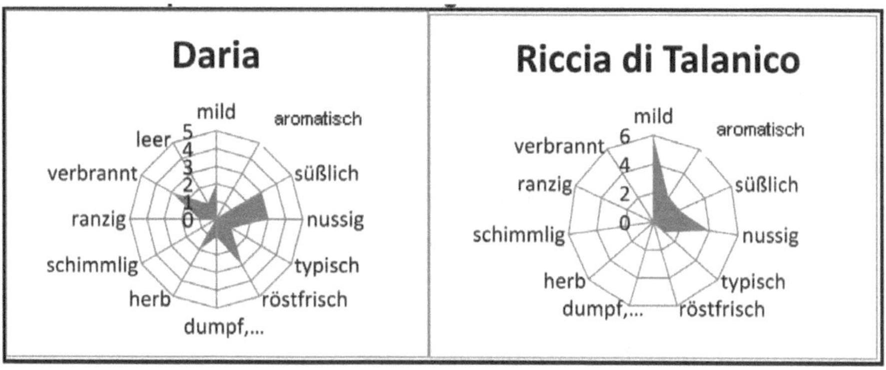

Abbildung 14: Geschmacksprofil Nüsse für Direktabsatz (ganze Nüsse) (NITSCH, 2015)

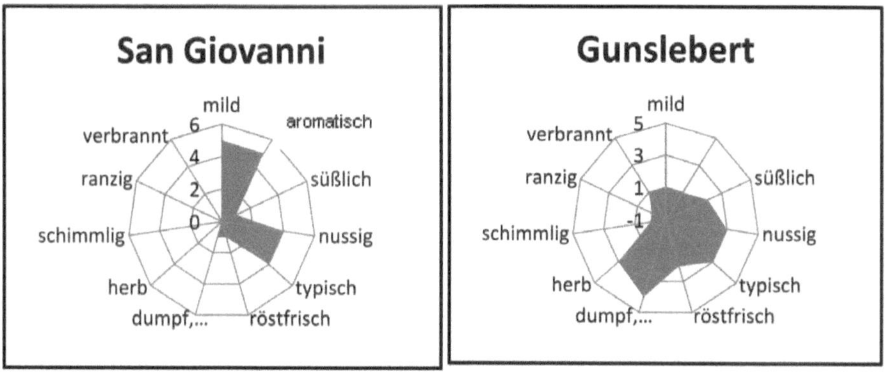

Abbildung 15: Geschmacksprofil von Verarbeitungsnüssen (NITSCH, 2015)

6.2 Erforderliche Entwicklungsmaßnahmen

Die bisherigen Anbauversuche bauen oft darauf auf, Erfahrungen und Pflanzenmaterial aus dem Ausland zu nutzen. Dies würde auch funktionieren, wenn es keine so starke internationale Konkurrenz geben würde. Die Ernten sind mit den bisherigen Methoden zu stark schwankend, als dass sie für Händler und Verarbeiter im großen Stil attraktiv sein könnten (STORCH, 2018). Der zukünftige nationale Erfolg hängt folglich von der Stabilität, den produzierten Mengen und der Arbeitswirtschaftlichkeit ab.

Es gibt mehrere Ansätze, welche den Anbau verbessern könnten.

1. Die Erhöhung der Pflanzdichte mit einer Spindelerziehung (MÖHLER, 2018). Dadurch kann die Belichtung gewährleistet werden und maschinellen Arbeiten an die vorhandenen Anbauverfahren anderer Kulturen im Obstbau angepasst werden.
2. Die Beschaffung von neuen Sorten aus dem Ausland, beispielsweise aus Züchtungen in Italien, welches vielversprechende Merkmale aufweisen, wie beispielsweise dem frühen Ausreifen (MÖHLER, 2019)
3. Die Beschaffung schwachwüchsiger stammbildender Unterlagen, welche auch andere *Corylus*-Arten umfassen kann. Dies soll den früheren Ernteeintritt fördern und senkt gleichzeitig den Schnittaufwand
4. Züchtung von Sorten und Unterlagen, welche ohne politische Unterstützung nicht möglich sein werden, da sie sehr langwierig und zeitnah nicht rentabel sind

Seit der Öffnung des Weltmarktes wurden immer weniger neue Kulturen für den Obstbau in Deutschland mit hohem finanziellem Aufwand gezüchtet. Der Unterschied liegt im Vergleich zur Apfelzüchtung daran, dass das Produkt Haselnuss immer verfügbar ist und so den Anbau in Deutschland nicht zwingend notwendig macht, um die Nachfrage des Handels und der Verbraucher zu decken. Die Obstbauer können den Anbau aus eigener Kraft nicht etablieren, da der Aufwand im Moment in keinem Verhältnis zum Erlös steht.

7 Erhebung der Daten zum Haselnussmarkt in Deutschland

7.1 Hintergrund und Durchführung

Der Haselnussmarkt ist seit Jahren in einem starken Wandel, welcher durch die steigende Nachfrage an Nüssen sowie erhöhte Qualitätsanforderungen für dieses Produkt einhergeht. Einerseits versuchen große Verarbeiter neue Anbaugebiete im Ausland zu etablieren, welche einen gleichmäßigen und ökonomischen Nachschub an Rohware ermöglichen. Andererseits besteht ein Interesse einzelner Unternehmen in Deutschland, dass der heimische Anbau ausgeweitet wird, weil dies qualitative und marketingtechnische Vorteile mit sich bringen kann. Der Ursprung für diese Überlegungen lassen sich auf die Preisentwicklung türkischer Haselnüsse zurückführen, welche einen Großteil der Rohware in Deutschland ausmacht.

Um eine genauere ökonomische Einordnung für mögliche neue Produzenten zu geben, wurde eine Marktanalyse durchgeführt und mehrere Betriebe zwecks Nachfrage und Einkaufspreisen befragt. Es wurden 13 Betriebe (Abbildung 16) kontaktiert, um ein Interesse bzw. Informationen über die Preispolitik der Haselnussware zu erfragen. Dies beinhaltete konkret:

- was wird angenommen?
- wie viel wird abgenommen?
- in welchem Intervall?
- zu welchem Preis?
- Interesse an deutschen Haselnüssen
- Erfahrung mit deutschen Haselnüssen

Abbildung 16: Verarbeitungsunternehmen in Deutschland (Google Maps, 2018)

Die Befragten Unternehmen waren Nudossi, Alnatura, Rapunzel, Viba sweets, Dawn Food Germany, Jancke, Import und Vertrieb Knut Jancker, Kondima, Piemont Haselnuss, Lubeca Marzipan, Martinbraun, Wilhelmreuss und Seeberger.

Die Kontaktierung erfolgte über entsprechende Kontaktformulare, bzw. über Emails an die zuständigen Personen der Unternehmen mit dem Ziel, telefonische oder persönliche Kontaktaufnahmen zu ermöglichen. Dort sollten die Fragen besprochen werden.

Die Gespräche wurden schriftlich und sinngemäß übernommen.

7.2 Ergebnisse und Diskussion

Außer zwei Unternehmen haben alle Befragten auf die Kontaktanfrage geantwortet. Ein Unternehmen gab an, dass sie viele Anfragen zwecks ihrer Bachelorarbeit bekämen und diese deshalb zurückweisen. Neun Unternehmen betonten, dass deutsche Haselnüsse keine Bedeutung für sie haben und sich aus diesem Grund nicht damit beschäftigen. Ein Betrieb zeigte sich als sehr kooperativ und es wurde auf die Marktsituation eingegangen.

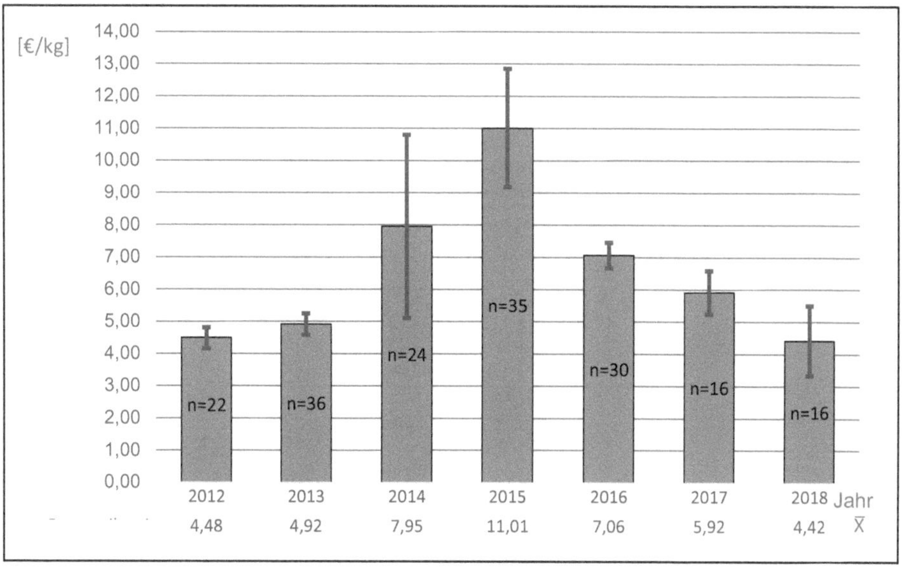

Abbildung 17: türkische Kernpreise von 2012 bis 2018 (INFORMA, 2018)

Da sich die Einkaufspreise in Deutschland am Weltmarkt orientieren, unterscheiden sie sich wahrscheinlich untereinander nur minimal. Daher werden diese Preise als Orientierung genommen und der Versuch einer Erstellung des Mittelwerts aller Preise der Betriebe verworfen. Der Preis für türkische Kerne sind der Abbildung 17 zu entnehmen und zeigen eine deutliche Preisschwankung zwischen, als auch innerhalb der Jahre. Teilweise schwankt der Kernpreis über einen Euro pro Tag (INFORMA, 2018), was die Kostenkalkulation der verarbeitenden Unternehmen erschwert. Diese Schwankungen sind auf große Ertragsunterschiede in den Jahren zurückzuführen. Diese werden teilweise abgefedert, da Haselnüsse lange lagerfähig sind und im nachfolgenden Jahr noch verwendet werden können. Nach wie vor greift der türkische Staat in den Haselnussmarkt, durch teils staatliche Organisationen ein, um die Preise für deren Strukturen angemessen zu halten. (STORCH, 2018)

Ein Beispiel für eine Kooperation in Deutschland ist die Viba sweets GmbH. Diese hat bereits einen mehrjährigen Abnahmekontrakt mit der Obstland Dürrweitzschen AG und zeigt sich für weitere Partner aus Deutschland offen. Die Aufkaufpreise für deutsche Haselnüsse (mit Schale) werden von den Weltmarktpreisen der Nusskerne und den Kosten für die Abtrennung der Schale, der Reinigung und Sortierung der Ware abgeleitet. Wenn der Weltmarktpreis bei 4,80 bis 5€ pro Kilogramm liegt, bekommt der deutsche Anbauer zwischen 6 und 7€ (STORCH, 2018). Bei einem realistischen Ertrag von 1,5 Tonnen pro Hektar konnte man zwischen 2012 und 2018 einen Umsatz von rund jährlich 6.000€ bis 16.000€ erwirtschaften, wenn der Weltmarkt als Referenz dient (Abb. 18).

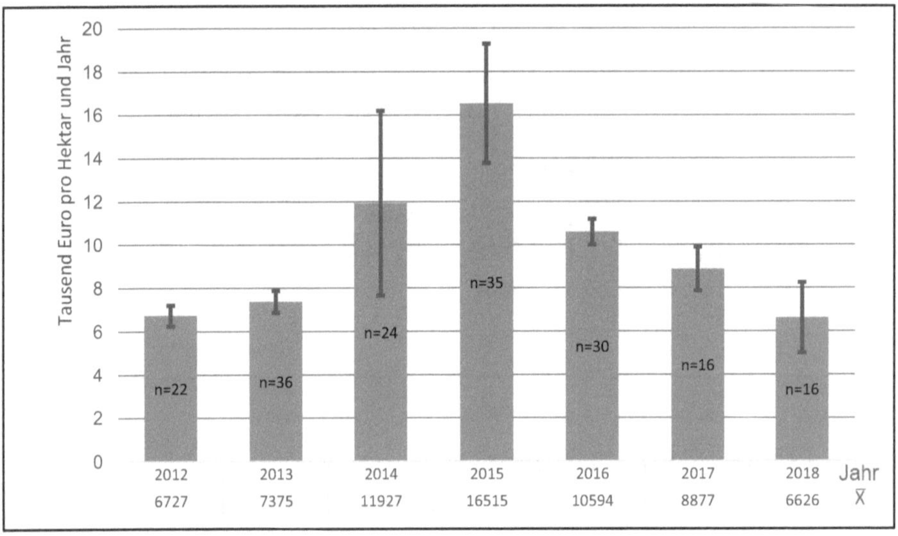

*Abbildung 18: Umsätze für den Anbau bei einem Ertrag von 1,5t/ha*a*

Im Falle von Viba sweets wären im Jahr 2018 wohl Umsätze von 10.500€ bis 12.000€ pro Hektar denkbar gewesen (bei einem Mehrwert gegenüber dem Weltmarkt von 1€ bis 2€). Viba sweet produziert ebenfalls Nougatartikel in Bioqualität für Industrie- und

Handelskunden. Wenn geeignete Nüsse für diesen Verarbeitungsweg vorhanden sind, könnte mit einem weiteren Aufpreis für die Ware gerechnet werden.

Neben den schwankenden Kernpreisen und Erträgen ist die Verwendung deutscher Haselnüsse für die Verarbeiter problematisch, da sie die Herkunft auf der Ware nicht sinnvoll deklarieren kann. Dies könnte sich ändern, wenn der deutsche Verbraucher explizit deutsche Nüsse im Einzelhandel verlangt oder das Angebot an deutschen Kernen die Nachfrage einzelner Unternehmen decken kann. Das gilt sowohl für konventionelle als auch ökologisch produzierte Nüsse. Daher müssen die deutschen Anbauer großen Wert auf die Qualität der Nüsse legen, um sich bisher vom internationalen Markt abheben zu können.

8 Fazit

Wenn sich der Haselnussanbau in Deutschland etablieren soll, muss die gesamte Produktionskette vom Züchter, der Baumschule, dem Anbauer bis hin zum Verarbeiter, dem Lebensmitteleinzelhandel und vor allem der Politik daran arbeiten. Letztere muss dabei die vom Verbraucher geforderte regionale Erzeugung beachten. Die Kultur kann unter unseren Bedingungen angebaut werden, was wilde Vorkommen beweisen, muss aber mit angepassten Sorten/Unterlagen-Kombinationen erfolgen. Darüber hinaus müssen Anbauer sich auf hohe Investitionen einlassen, sowie der Verarbeiter mittelfristig angemessene Preise an den Anbauer bezahlen, unabhängig von Weltmarktschwankungen.

Was die Produktentwicklung der Haselnuss beispielsweise zum Apfel unterscheidet ist, dass der Apfel in einer Zeit gezüchtet und etabliert wurde, als es noch keine Konkurrenzprodukte aus aller Welt gab. Dadurch war das Interesse aller Beteiligten höher, da ein hoher Erlös möglich war und es auch zur Vielfalt der Ernährung beigetragen hat. Es gibt weitere Beispiele für Obst und Gemüse, welche aus der Tradition heraus aus dem Ausland importiert werden und wurden, obwohl der Anbau in Deutschland langfristig funktionieren würde. Ein Beispiel sind Physalis, welche unter hiesigen Bedingungen gedeihen würden, ein anderes Beispiel ist die Süßkartoffel, bei der bis vor einigen Jahren kein Interesse am Anbau in Deutschland vorlag.

Die Frage, die sich ergibt ist also, warum der Anbau in Deutschland erfolgen sollte. Einerseits kann der heimische Anbau den CO_2-Ausstoß vermindern, da die Transportwege verkürzt werden. Darüber hinaus kann der Anbau finanziell lukrativ werden. Vom sozialen Aspekt her ist die aktuelle Situation teilweise sinnvoll, da knapp 5% der türkischen Bevölkerung vom Haselnussanbau profitieren. Zusätzlich werden neue Anbaugebiete erschlossen, in denen auch Arbeit geschaffen wird, beispielsweise im Kaukasus und in Chile. In Deutschland würden wohl keine neuen Arbeitsplätze entstehen, da durch den hohen Lohnkostendruck mit mechanisierten und effizienteren Anlagen gearbeitet werden muss. Die Kehrseite ist allerdings, dass für die neu erschlossenen Flächen in anderen Ländern weitere Lebensräume für die Natur einnehmen, falls dort zuvor nichts anderes angebaut wurde. Es ist also schwierig einzuschätzen, wem die Arbeit der Entwicklung des deutschen Haselnussanbaus nützen und wem es schaden würde

9 Zusammenfassung

Diese Arbeit thematisiert die Markt- und Anbauentwicklung des Haselnussanbaus für Deutschland. Dies umfasst die Biologie, den Anbau, sowie die Preisentwicklung von Haselnüssen.

Die gehandelten Nüsse und Kerne stamm meist von unveredelten *Corylus avellana L.* Sorten ab. Diese haben einen strauchartigen Wuchs, können aber auch als Baum erzogen werden. Die Haselnuss wird inzwischen auf allen Kontinenten, außer der Antarktis, kultiviert. Zu den bedeutendsten Anbauländern gehören die Türkei (70%), Italien, Spanien, der Kaukasus (umfasst mehrere Staaten) und die USA. Es gibt in Deutschland rund 400ha Anbaufläche, welche sich größtenteils in Bayern, Baden-Württemberg und Sachsen befinden. Diese Nüsse spielen allerdings keine Rolle für den Weltmarkt, sondern werden überwiegend direkt vermarktet. Deutschland ist allerdings das wichtigste Haselnussimportland der Welt und macht rund 35 Prozent des gesamten Weltimports aus.

Es gibt eine große Nachfrage seitens der Verarbeiter an deutschen Nüssen, da türkische Kerne nicht preisstabil sind. Er schwankte zwischen 2012 und 2018 um mehr als 6€ pro Kilogramm geknackter Ware. Die Nuss wird überwiegend als Kern gehandelt. Da es keine Knackanlage in Deutschland gibt, werden die Nüsse zu diesem Zweck nach Italien gefahren. Die verarbeitenden Unternehmen suchen zurzeit auch Vertragsanbauer in neuen Anbaugebieten (z.B. Georgien) und beschäftigen sich eigenständig mit dem Aufbau von eigen bewirtschafteten Anlagen, um unabhängig vom Weltmarkt zu werden. Der Anbau ist zum großen Teil mechanisierbar und benötigt vergleichsweise wenig Arbeitsaufwand im Gegensatz zu anderen obstbaulichen Kulturen. Zusätzlich besitzen solche Anlagen eine hohe Biodiversität, weshalb es bei guten Standorten einen geringen Schädlingsdruck gibt. Allerdings setzt die Ernte erst nach sechs bis sieben Jahren ein und erreicht ihren Vollertrag auf unveredelten Pflanzungen nach ca. zehn Jahren. Es gibt sehr hohe Ertragsschwankungen, da die Sorten und Anbausysteme nicht für unser Klima optimiert sind. Aus diesem Grund wird die Neupflanzung von Haselnussanlagen teilweise nicht empfohlen (TLLLR Thüringen).

Wenn sich der Anbau in Deutschland etablieren soll, müssen neue Anbausysteme mit gezüchteten Sorten/Unterlagen-Kombinationen etabliert werden, was Engagement seitens der Politik, den Anbauern und den Baumschulen erfordert. Ansonsten eignet sich die Kultur ausschließlich als Nebenerwerb oder Randkultur im Betrieb.

10 Literaturverzeichnis

Bärtels, A. & Haag, D. (2009). *Gehölze von A - Z. 1500 Bäume und Sträucher; [über 800 Fotos und Zeichnungen ; 100 Sortentabellen]* (Profiwissen kompakt Gestaltung und Pflege). Stuttgart: Ulmer.

Bärtels, A. & Roloff, A. (2014). *Flora der Gehölze. Bestimmung, Eigenschaften und Verwendung*. s.l.: Verlag Eugen Ulmer. Verfügbar unter http://www.content-select.com/index.php?id=bib_view&ean=9783800104031

Bassil, N., Boccacci, P., Botta, R., Postman, J. & Mehlenbacher, S. (2013). Nuclear and chloroplast microsatellite markers to assess genetic diversity and evolution in hazelnut species, hybrids and cultivars. *Genetic Resources and Crop Evolution, 60* (2), 543-568.

Bennett, M. D. & Smith, J. (1991). Nuclear DNA amounts in angiosperms. *Philosophical Transactions of the Royal Society of London. Series B, Biological Sciences (United Kingdom)*, 309-345.

Boccacci, P. & Botta, R. (2009). Investigating the origin of hazelnut (Corylus avellana L.) cultivars using chloroplast microsatellites. *Genetic Resources and Crop Evolution, 56* (6), 851-859.

Bozoglu, M. (2005). THE SITUATION OF THE HAZELNUT SECTOR IN TURKEY. *Acta Horticulturae* (686), 641-648.

BURRICHTER, E. (1986). *Baumformen als Relikte ehemaliger Extensivwirtschaft in Nordwestdeutschland.* Zugriff am 31.10.2018. Verfügbar unter https://scholar.google.de/scholar?hl=de&as_sdt=0%2C5&q=BURRICHTER%2C+E.+1986%3A+Baumformen+als+Relikte+ehemaliger+Extensivwirtschaft+in+Nordwestdeutschland&btnG=

Deutscher Wetterdienst. *Wetter und Klima - Deutscher Wetterdienst - Klimawandel - Klimawandel und menschliche Gesundheit.* Zugriff am 31.10.2018. Verfügbar unter https://www.dwd.de/DE/klimaumwelt/ku_beratung/gesundheit/klimawandel/klimawandel.html

Dörr, E. & Lippert, W. (2001). *Flora des Allgäus und seiner Umgebung*. Echning bei München: IHW-Verl.

Düll, R. & Kutzelnigg, H. (2011). *Taschenlexikon der Pflanzen Deutschlands und angrenzender Länder. Die häufigsten mitteleuropäischen Arten im Porträt* (7., korrigierte und erw. Aufl.). Wiebelsheim: Quelle & Meyer.

ELISABETH SCHWEIKERT (SWP, Hrsg.). (2014, 08. Oktober). *Erste Ernte in der bislang einzigen Haselnuss-Plantage im Kreis Schwäbisch Hall.* Zugriff am 01.11.2018.

Elmadfa, I., Aign, W. & Muskat, E. (2013). *Die große GU Nährwert-Kalorien-Tabelle 2014/15. [mit über 20.000 Nährwerten, alle wichtigen Vitamine und Mineralstoffe;*

zahlreiche Sondertabellen für eine gesundheitsbewusste Ernährung] (GU Körper & Seele Gesundheits-Tabellen). München: Gräfe u. Unzer.

Erdogan, V. & Mehlenbacher, S. (2001). INCOMPATIBILITY IN WILD CORYLUS SPECIES. *Acta Horticulturae* (556), 163-170.

Erdogan, V. & Mehlenbacher, S. A. (2000). Interspecific Hybridization in Hazelnut (Corylus). *Journal of the American Society for Horticultural Science, 125* (4), 489-497. verfügbar unter http://journal.ashspublications.org/content/125/4/489.full.pdf

Fao. (2018). *Hazelnut production. http://www.fao.org/docrep/003/x4484e/x4484e03.htm.*

FERRERO. *The Hazelnut Company.* Zugriff am 12.11.2018. Verfügbar unter https://www.hazelnutcompany.ferrero.com/agrifarms/fc-3829

Fideghelli, C. & Salvador, F. R. de (Hrsg.). (2008). *World hazelnut situation and perspectives.*

Google Maps (Google Maps, Hrsg.). (2018). *Unternehmen Karte,* Google. Zugriff am 26.11.2018. Verfügbar unter https://www.google.de/maps

Holger Storch (2018). *Verteilung der Haselnussproduktion.*

Holger Storch (30.11.2018). *Haselnusspreise und Chancen für den Anbau in Deutschland* (Persönlich).

Informa (2018). IEG Vu Agribusiness intelligence. Verfügbar unter https://agribusinessintelligence.informa.com

IUCN. (2010). The IUCN red list of threatened species. *Recuperado el, 10.*

Kasapligil, B. (1972). bibliography on Corylus (Betulaceae) with annotations. *Northern Nut Growers Ass Annu Rep.*

Köksal & Prof. Dr. A. I. (2002). *Turkish Hazelnut Cultivars.*

Kole, C. (Ed.). (2011). *Wild Crop Relatives: Genomic and Breeding Resources. Forest Trees.* Berlin, Heidelberg: Springer-Verlag Berlin Heidelberg.

Krist, S., Buchbauer, G. & Klausberger, C. (2008). *Lexikon der pflanzlichen Fette und Öle.* Vienna: Springer Vienna. Verfügbar unter http://dx.doi.org/10.1007/978-3-211-75607-2

Kuhaupt, C. (2015). Deckungsbeitragsrechnung Haselnüsse und Fördermöglichkeiten.

Kuhaupt, C. (2017, Januar). *Innovationsprojekt Inno-Hasel.* Haselnussanbau in Thüringen Innovatives Anbausystem und Sortenprüfung, Erfurt.

Maurer, J. (April 2015). *Der Haselnussanbau als Dauerkultur.* Inforama Beratung.

Möhler, M. (2017, Januar). *Haselnussanbau als alternative Kultur.* Ökologische Obstbautagung, Naumburg/Thüringen.

Möhler, M. (02.11.2018). *Haselnussanbau in Deutschland* (mündlich).

Nitsch, C. (2015). *Unter welchen Bedingungen kann der Haselnussanbau eine wirtschaftliche und pflanzenbauliche Alternative zum Tabakanbau bieten*. 2. Fortsetzung: Ist der Anbau von Haselnüssen zur Fruchtgewinnung in Bayern wirtschaftlich möglich?

Nitsch, C. (2015). *Unter welchen Bedingungen kann der Haselnussanbau eine wirtschaftliche und pflanzenbauliche Alternative zum Tabakanbau bieten. Durchführung eines Sorten- und Anbauversuches zur Ermittlung der Erträge, der Qualität und der Pflanzengesundheit.* Fürth: Bayrische Landesanstalt für Weinbau und Gartenbau.

Okuyacaklarınız, Y. (2012). *Türkiye'de Fındık Üretimi ve Miktarı.*

Palmé, A. E. (2002). Chloroplast DNA variation, postglacial recolonization and hybridization in hazel, Corylus avellana. *Molecular ecology, 11* (9), 1769-1779.

Probst, S. (L.). (2014) *Ist der Anbau von Haselnüssen zur Fruchtgewinnung in Bayern wirtschaftlich möglich? Teilbereich Pflanzenschutz Abschlussbericht.*

REWE Group. (2012) *Haselnüsse aus der Türkei. Ökologische und soziale Probleme beim Anbau* (SÜDWIND e.V. Institut für Ökonomie und Ökumene, Hrsg.).

Romlewski, J. (2015). *Der Trüffel im Garten. MARKE EIGENANBAU.*

Rosengarten, F. (2004). *The book of edible nuts*. Mineola, N.Y.: Dover Publications.

Sarraquigne, J. P. (Hrsg.). (2004). *Hazelnut production in France.*

Schütt, P. (2006). *Enzyklopädie der Sträucher. Die große Enzyklopädie mit über 400 Farbfotos unter Mitwirkung von 30 Experten* (Sonderausg). Hamburg: Nikol.

Smith, D. C. & Mehlenbacher, S. A. (1994). Use of Tyvek housewrap for pollination bags in breeding hazelnut (Corylus avellana L.). *Hortscience, 29* (8), 918.

Teresa Hüttenhofer, K. D. (2015) *Hazelnuts in Germany.*

Thompson, M. M., Lagerstedt, H. B. & Mehlenbacher, S. A. (1996). Hazelnuts. *Fruit breeding, 3,* 125-184.

Tous, J. (2005). HAZELNUT PRODUCTION IN SPAIN. *Acta Horticulturae* (686), 659-664.

Urban, A., Ertl, C. & Staribacher, M. (2000). *Handbuch für den Haselnussanbau* (Vitro Plant, Agrarplant, Kleespitz Genossenschaft & Manner AG, Hrsg.).

WCSP. (2018, 31. Oktober). *World Checklist of Selected Plant Families (WCSP).*

Wolfgang Scheefe. (2015). *„Sachsenobst" und „Viba" gehen gemeinsame Wege. Obstland Dürrweitzschen AG liefert Haselnüsse an Thüringer Süßwarenhersteller.* Grimma-Dürrweitzschen/Schmalkalden. Zugriff am 01.11.2018. Verfügbar unter www.obstland.de

12 Abbildungsverzeichnis

ANHANG

13 Tabellenverzeichnis

Anhang

14 Anhang

Tabelle 1: Zusammenfassung der positiven Zuchtmerkmale, möglichen Einschränkungen und des Hybridisierungspotenzials der elf am meisten bekannten Corylus-Arten Erdogan and Mehlenbacher (2000) and Thompson et al. (1996)

Corylus	avellana	americana	heterophylla	cornuta	californica	sieboldiana	colurna	jacquemontii	chinensis	fargesii	ferox
Vielfalt kultivierter Formen	++										
Große Nüsse und Kerngröße	++	-									
Nüsse behaart				++	+	++					
Frühreifende Nüsse	+			++	++		-	-	-	-	
hohes Ertragspotenzial	++	+	+								
Frosttoleranz		++	++	++		++	++				
Trockentoleranz		+	+	+		+	+				
Hitzetoleranz	+	+	+								
kleine Wuchsform für hohe Pflanzungdichten		+	+	+							
bildet Stolonen aus				+							
löst Nüsse von Fruchthülle	++	--		-	-	-	-	-	--	--	-
früher Ertragsbeginn		+	++								
als Zierpflanze geeignet	+	+	+								
Kompatibilität (weiblicher Elter)											
avellana	++	++	++			+	+	?		?	?
americana	++	++	+		+			?		?	?
heterophylla	+		++					?		?	?
cornuta			++	++	++	++		?		?	?
californica	++	++	++	++	++	++	++	?	+	?	?
sieboldiana		++		++	++	++		?		?	?
colurna	++		+					?	++	?	?
jacquemontii	?	?	?	?	?	?	?	++	?	?	?
chinensis	++	++					++	?	++	?	?
fargesii	?	?	?	?	?	?	?	?	?	++	?
ferox	?	?	?	?	?	?	?	?	?	?	++

Tabelle 2: Nitsch - Checkliste für Sortenentschidung (NITSCH, 2015)

Checkliste für Sortenentscheidung:

Sorte	Nuss-form	Nuss-größe	Er-trag	Ernte-termin	Kern-anteil	Blüte-termin weibl.	Klima – anfor-derung	An-passung sfähig	Pflanzen-gesundheit	Resistenz Haselnus bohrer	Resist enz Bakte riose	Geeignete Bestäubersorten Früh Tonda.G.	Mittel Cosford	Spät HallscheR
Butler	Hoch-rund	+	+	o	o	–	o	O	o	o	+		x	
Corabel	kugelig	++	+	++	o	O	+	–	o	o	++		x	
Emoa 1	kugelig	+/++	++	–/o	o/+	–	–	++	**O/- Frostrisse Stamm**	O	++		x	
Ennis	Hoch-rund	++	+	+	– –	o/+	o	O	o	o/+	-/O		x	
Gunslebert	länglich	++	+/++	o	o	+	– –	+ +	+ +	o	++		x	x
Hallsche Riesen	Kegel förmig	+/++	o/+	o/+	–	++	– –	O	++	++	++		x	**Webbs**
Katalonski	flache Kugel	++	+	+	– –	–/o	o/+	O	+	++	++		x	x
Webbs Preisnuss	sehr länglich	+	+/++	+/++	o	+ +	–	+ +	**– –/o Bakteriosen**	o/+	– –			x
Lange Zellernuss	länglich	O	O/+	– –	– –	–/o	–	+	+ +	– /o	O/+		x	
Daria	kugelig	–	++	–	+	O	O	+	**-/O Knospengall milbe**	O	++	x	x	
Riccia di T.	kugelig	–	+ +	– –	+	– –	o/+	+	O	–	++	x		
San Giovanni	länglich	O	+ +	O	+	O	O	+	+	O	o/+		x	
Torino 112	Kugelig	–	++	–	+	O	O	+	+	O	++	x	x	
Istrische Runde	Flach-kugelig	+	++	O	O	–	O	O	**– - Frostrisse Stamm**	+	o/+		x	

Legende:

– – = sehr gering/ sehr klein/ sehr wenig/sehr früh
– = gering/klein/wenig/früh
o = mittel/normal/Standard/Durchschnitt
\+ = hoch/groß/viel/spät
++= sehr hoch/sehr groß/sehr viel/sehr spät

Großfruchtige Nüsse - In-Shell
Kleinfruchtige Nüsse – Verarbeitung

Abbildung 1: Unternehmen Deutschland (HÜTTENHOFER, 2015)

Kolibri 360 GmbH
Ferdinand-Jühlke-Straße 7
99095 Erfurt, Deutschland
produktsicherheit@kolibri360.de

Druck:
CPI Druckdienstleistungen GmbH
im Auftrag der
Kolibri 360 GmbH
Ferdinand-Jühlke-Str. 7
99095 Erfurt